彩叶草

车代弟 王秀刚 高 鹏 编著

中国农业出版社

彩叶草

唇形科／鞘蕊花属

别　名　老来少、鞘蕊花、锦紫苏等

学　名　*Coleus blumei*

英文名　Coleus

原产地　印度尼西亚

花　语　花 / 绝望的恋情；叶 / 善良的家风

目　录

一、千面女郎——彩叶草

彩叶草是近年园艺市场比较走俏的一种小型彩色叶草本植物。因其品种繁多，色彩斑斓，叶形奇特，逐渐成为人们装点庭院、美化居室的新宠（图1）。

图1　千姿百态的彩叶草

（一）栽培简史

彩叶草原产于印度尼西亚，主要分布在爪哇岛及其附近热带、亚热带地区。现在世界各国广泛栽培。

1837年彩叶草在爪哇岛被发现，1853年引入英国，到1868年英国皇家园艺学会以令人难以接受的高价出售杂交品种，开始了维多利亚时代在花坛中配置彩叶草的狂热。那时的有些品种至今仍在栽培，最著名的一个是“凤梨王子”，该品种最早出现在1877年。

20世纪初，Jekyll和Robinson两人极力主张废弃需要精细管理的花坛景观而赞同以大量依赖耐寒植物的粗放式的园艺风格。彩叶草同其他类似植物一样，除在温室栽培外，便不再流行了。

随着种子供应商新品系的培育，彩叶草因为可从种子萌发而快速生长，比扦插繁殖还快，于是又在20世纪50年代和60年代初期在北美大量出现。

值得庆幸的是，有几个热衷于彩叶草的栽培者重新发现了维多利亚时代品种所具有的优良品性，并开始搜寻尚存的杂交品种。利用这些种质资源，着手杂交育种工作，重点在培育特别的色彩、叶形和质地，且保留少开花的习性。佛罗里达州Auburndale彩色农场的Organ是其中一位热衷者。他不但对保存至今的维多利亚时代品种的园艺遗传性有着浓厚兴趣，还亲自进行杂交育种试验，并获得了惊人的成果，成功培育出了现今市场上流行的许多品种。

杂交育种的成功使彩叶草成为最流行的园艺植物之一。正当Organ对他的收集进行培育的时候，Tjia博士则从佛罗里达州立大学转到印度尼西亚大学从事园艺工作。在那里，他从彩叶草的原始种入手，结合本地培育的杂交类型，并把一些品种运到佛罗里达州盖恩斯维尔的Hatchell Greek农场给Geoge Griffiths，结果培育出了另一类现代彩叶草，并把它们介绍给美国的园艺爱好者。同早期的维多利亚时代保存品种一样，每个新品种都用扦插繁殖，以保持其遗传性。

我们今天看到的彩叶草的杂种后代，是叶色、叶形、叶面图案都富有特点和观赏价值的品种或品系。

（二）形态特征

彩叶草为唇形科鞘蕊花属多年生草本植物，老株可长成亚灌木状，但株型难看，观赏价值低，故常作一、二年生花卉栽培。株高因品种的不同而有极大的差异，一般在20～60厘米，最高的可达90厘米，栽培苗多控制在30厘米以下。分株较少，全株有毛。茎质柔软，呈四棱形，基部木质化（图2）。

图2　盆栽彩叶草

1.叶　彩叶草为单叶对生（图3）。叶形有许多变化，大多为卵圆形，一些新品种有柳叶形、螺旋形和不规则的形状。叶缘有明显或不明显的裂刻且变化多端，有锯齿状的浅裂、半裂、深裂等不同裂刻。其先端尖底部椭圆，有柄或无柄。叶色娇艳多变，有大红、褐红、淡黄、橙黄、黄绿、紫色、褐紫、紫红、深绿等色，同一叶片也会 混杂两种或三种颜色以及各种彩色的斑纹，常呈镶边或不规则排列，层次分明，叶色还会随着气候变化、光照不同而改变。

图3　单叶对生

2.花　彩叶草雌雄同株，花两性，顶生总状圆锥花序，长10～25厘米（图4）。花小，花冠唇形，上唇略小、白色，下唇略大、淡蓝色（图5）。花浅蓝色或浅紫色，无香味，花期夏、秋季。

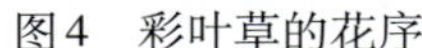

图4 彩叶草的花序

图5 彩叶草的花

3. 果实和种子 彩叶草的果实为褐色小坚果。种子极细小，平滑，有光泽。据品种的不同，每克种子3 300 ～ 4 300粒不等。

彩叶草栽培变种叶色丰富多彩，有绿色带斑的、大红脉筋带紫色边的、粉红色叶带嫩绿边的，此外还有全红紫纹带深黄色边的等，五彩缤纷，绚丽悦目。

（三）生长习性

彩叶草喜温暖、湿润、向阳、通风良好的环境，生长温度为15 ～ 30℃，适温为20 ～ 25℃，要求质地疏松、肥沃、排水良好的土壤。低于10℃时植株停止生长，低于5℃植株枯死。

彩叶草为喜光植物，光照充足可使叶色鲜明，但在夏季高温时应避免阳光直射，高温强光会使色素遭到破坏，引起叶绿素增加，导致植株色彩不鲜明，甚至偏绿，影响观赏。因此，夏季高温时应适当遮阴。其他季节则不宜遮阴，因光线暗淡也会使叶色灰暗。

彩叶草叶大而薄，应保证水分供应（若土壤干燥则叶面的彩色会减退），尤其夏季应保证盆土湿润，同时还应经常向地面和叶面喷水，以提高空气湿度。冬季则控制浇水。

彩叶草虽为多年生草本或亚灌木，但在我国大多数地区不能露地越冬，故常作一年生栽培。

二、繁殖技术

（一）播种繁殖

1.种子准备 宜选用籽粒饱满、高活力、高发芽率的种子。在播种前需进行消毒处理，将种子放入50 ～ 60℃温水中，搅拌20 ～ 30分钟。在水中浸泡一段时间，撇去瘪粒，再用清水冲洗干净，滤去水分，风干待用。也可用40%福尔马林溶液、0.5%高锰酸钾溶液或0.3%～ 1.0%硫酸铜溶液浸泡、冲洗、风干后使用。

2.基质准备 彩叶草播种繁殖对基质的基本要求是无菌、无虫卵、无杂物及杂草种子，有良好的保水性和透气性。可选用草炭土、椰糠、珍珠岩、蛭石等基质，常将泥炭土与蛭石按2 ∶ 1混合，过筛使用（图6）。育苗基质在播种前最好用600 ～ 1 000倍液的多菌灵或百菌清消毒一次。需要特别注意的是，播种基质中绝不能掺入无机肥，否则会导致不出苗或出苗后死亡。

3.穴盘准备 因彩叶草的种子较小，故常用288目或200目穴盘播种（图6）。对于使用过的穴盘再次使用，必须进行清洗、消毒，干燥后方可使用。常用600倍液多菌灵、800 ～ 1 000倍液杀灭尔等杀菌剂洗刷或喷洒，然后用清水冲洗2 ～ 3次。

4.播种 先在穴孔中填入基质，尽量使每个穴孔填装均匀，并轻轻镇压，使基质中间略低于四周。基质不可填装过满，应略低于穴孔的高度，使每个穴孔的轮廓清晰可见。播种前一天应淋湿基质，达到刚好浇透的程度，即穴孔底部有水渗出。淋湿时采用手工多遍喷水的方式，让水分缓慢渗透基质。然后将种子仔细点入穴孔，每穴1～2粒，将种子落在穴孔的正中（图7）。种子具喜光性，播后不需盖土。室外播种常在3～4月进行，温室播种则多在春、夏、秋三季进行。

穴盘　基质
小勺　保鲜膜　水壶

图6　工具准备

1. 将准备好的育苗土用水完全湿润　2. 装土
3. 播种　4. 喷水　5. 覆膜

图7　播种流程

5. 浇水 播后及时喷淋水，直至穴盘底部有水渗出。播种初期土壤湿度可大些，以保证种子吸水膨胀的需要。后期水分不宜过多，土壤湿润即可。

6. 催芽 穴盘移入温室催芽后，温室要适当遮阴，并使室内保持高温高湿状态。在21 ~ 24℃的条件下，10 ~ 14天发芽，幼芽露头时即可移出温室。

7. 移植 小苗长至2 ~ 4叶期时，就需移植1次。移植时将小苗连根掘起，移植到浅盆中，其密度以叶片相互不接触为度。小苗长至6 ~ 8片叶时，再移植到口径10厘米的小盆中，并保留2 ~ 4片叶摘心。到7月份苗较大时，再换1次盆，盆底应加入少量豆饼作底肥。

（二）扦插繁殖

彩叶草的无性品种繁殖、开花晚且结实率低的有性品种繁殖，以及对理想品种的扩大繁育及种群延续，通常都使用扦插法。扦插四季皆可进行，20℃左右1周生根。

1. 插穗准备 应选择无病虫害、成熟度适中、生命力旺盛的嫩枝。当主枝或经过摘心的侧枝长有4个节或长10厘米左右时，挑选茎干粗壮者，基部仅留1节至2节的对生叶片，将上部剪下，剪口要平滑，没有挤压撕裂的伤口（图8）。此外，叶片也可用作插穗，选择生长旺盛的叶片，在叶柄处斜切（图9）。

图8 去除下叶，或剪去一半叶片，整理成插穗

图9 叶 插

2. 基质准备 选择疏松透气的基质，如草炭与珍珠岩（3 ∶ 1）、腐叶土与锯末（1 ∶ 1）或草炭与园土（1 ∶ 1）。

3. 扦插 室内的穴盘扦插可于3 ~ 10月进行，露地多于4 ~ 9月进行。扦插的密度以叶片互不覆盖，不影响光合作用为宜，扦插深度为2厘米，不宜过深，以免影响生根。插完后将穴盘置于遮光率为70%的遮阳网下，温度25 ~ 32℃，有微风的小环境中。

4. 浇水 扦插后根据天气情况确定浇水的时间和次数，晴天每隔2小时向基质表面喷水，阴天或雨天可少喷或不喷，使空气湿度保持在90%左右，注意基质不能出现积水现象。扦插后10天左右长出新根（图10），逐渐减少喷雾次数，半个月后移植或定植，进入正常管理。

图10 扦插后，生根

除基质扦插外，也可进行水插。若非大批量繁殖扦插容器可以是广口瓶，也可用矿泉水瓶剪掉上部，取下部注满清水备用。容器务必要干净，用水也一定要清洁。最好另取大可乐瓶贮水1天以上，以备扦插和后续管理之用。一般以插穗自瓶口入水3 ~ 4厘米最好。此后，置之于散射光处摆放，注意每2 ~ 3天换一次清水（备贮水），并注意每天补足瓶内因蒸发而下降的水位。一般在18 ~ 25℃条件下，7 ~ 10天就可见生有白根（图11）。

图11 水培栽植

彩叶草的不定根，除茎节处易生外，平直粗壮的茎部也会萌出，这为插穗尽早成型提供了条件。当插穗基部生有多条1 ~ 2厘米不定根时，应及时上盆或定植。

三、盆栽彩叶草

（一）品种与系列

彩叶草依株高可分为：①矮型品种（Small type）：株高小于30厘米；②中型品种（Medium type）：株高30～45厘米；③高型品种（Tall type）：株高45厘米以上。依株型可分为：①直立型（Upright type）；②开展型（Spreading type）；③丛生型（Mounding type）；④蔓生型（Trailing type）。依光照要求可分为：①喜光型（Sun-tolerant type）：喜生长在光照充足的环境里；②半阴型（Part-shade type）：喜生长在半阴的环境里；③全光型（Full-sun type）：既可在光照充足的环境里生长，又可在半阴的环境里生长。依叶片特征可分为：①大叶型（Large-leaved type）：具大型卵圆形叶，植株高大，分枝少，叶面凹凸不平；②彩虹型（Rainbow type）：叶小，长椭圆形，先端尖，叶面平滑，叶色有红、橙红、黄绿、白地绿斑等；③皱边型（Fringed type）：叶缘裂并且有波皱，裂纹与波纹的变化很大，叶色也有很多种；④柳叶型（Willow-leaved type）：叶细长，柳叶状，叶缘具不规则的缺裂和锯齿；⑤黄绿叶型（Chartreuse type）：叶小，黄绿色，抗日灼，植株矮且多分枝。

彩叶草根据品种的不同可分为黑龙系列、航路系列、巨人系列、奇才（女巫）系列。

1. 黑龙系列 每克种子约有3 500粒。播种时不需覆盖，种子发芽温度为20～25℃，发芽所需天数为10～12天。生长需全日照。矮生，株高30厘米，红叶黑边，叶大，边缘呈锯齿状，播种后13～15周开花（图12）。

图12 黑龙系列品种

2. 航路系列 每克种子约有3 600粒。播种时不需覆盖，种子发芽温度为20～26℃，发芽所需天数为10～14天。生长需全日照。矮生心形叶，叶片着色早，色鲜艳独特，分枝佳，开花迟，观叶期长（图13）。

图13 航路系列品种

3. 巨人系列 每克种子约有3 800粒。播种时不需覆盖，种子发芽温度为21～26℃，发芽所需天数为10～14天。生长需全日照。颜色十分鲜艳，华丽、多彩。叶片巨大，图案独特，新奇的大型彩叶草品种一度风靡欧美，适合庭院地栽及室内观叶。一年四季均可生产栽培（图14）。

4. 奇才系列 每克种子约有4 300粒。播种时不需覆盖，种子发芽温度为21～24℃，发芽所需天数为10～12天。生长需全日照。

矮生，株型紧凑，中等至大型叶片，叶色丰富多彩，是各种遮阴环境中的理想栽培植物。开花迟，适合各种花坛布景镶边，是世界上最广泛使用的彩叶草品系（图15）。

图14 巨人系列品种——玛蒂

图15 奇才系列品种——女巫

（二）花盆选用与盆土配制

彩叶草盆栽以小型为好，花盆采用泥质盆、塑料盆、瓷盆、陶盆均可。如欲作垂吊栽培，应选用带有吊钩的花盆。一般成苗上内径10厘米筒盆，最大用盆内径14厘米，再大不便摆放。

彩叶草喜疏松、肥沃以及排水良好的土壤，家庭盆栽可用草炭土、园土、河沙按2 ： 1 ： 1比例配置。

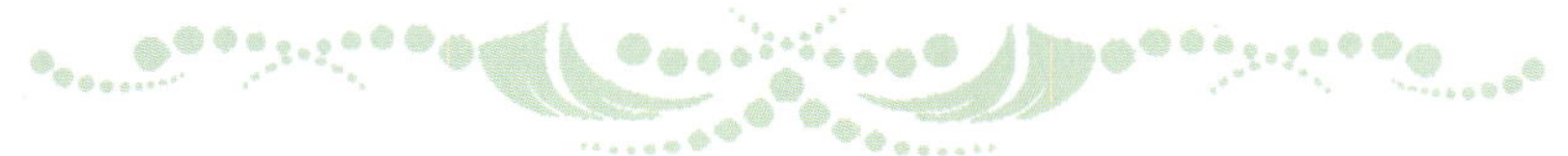

四、养护管理

（一）浇水

从播种之后到“吐绿”前，育苗箱上一定要覆盖透明的地膜或玻璃来保湿。此外，还要及时更换和翻盖覆盖物，防止覆盖物内凝水，滴落在种芽上。“吐绿”后，适当打开覆盖物通风，培养壮苗。育苗箱内土壤干燥时，要及时用“坐水”法浸水，或用喷雾器补水。但不要大水勤浇，小苗绝不能长期处于浸泡状态。

整个生长季要保持土壤湿润稍偏干，盆土太潮植株容易徒长，茎干节过长，导致株型不丰满。遵守“见干见湿，干透浇透”的原则。彩叶草叶片气孔较多，蒸腾旺盛，所以需水量较多，夏季每天要早晚各浇一次水，中午可向叶面喷水，并保证空气湿度，忌积水，冬季控制浇水。

（二）施肥

彩叶草需肥量少，对肥料无严格要求，生长季节每月施1～2次以氮肥为主的稀薄肥料并应多施加磷肥、钾肥，以促使节间短、枝密、茎硬、叶面色泽鲜亮，必要时可加0.1%尿素进行叶面喷施，但切忌过量，否则造成叶面暗淡、叶片硕大，降低观赏价值。

（三）摘心整形

彩叶草主要是观叶，所以在苗期应适时摘心，以促进侧枝萌发，使枝叶繁茂，株型丰满（图16）。摘心最好在小苗长出4～6片叶时进行。如果不需要留种，最好在花序形成的初期就把它摘除（图17)，这样不仅可避免消耗养料，而且能防止株型松散，降低观赏效果。对于留种母株，要减少摘心次数，让其在入冬前完成开花结实过程。如植株生长过高，也可打顶，促使基部分枝，保持优良株态。花后，可保留下部分枝2～3节，其余部分剪去，促使植株重发新枝。为保持老株的观赏效果，也可通过修枝、摘心促生新枝，保持枝叶繁茂。

图16　摘　心

图17　剪除花序

（四）光照

彩叶草喜阳光，故平时应放在向阳、通风良好的地方养护。不宜长时期放置在荫蔽的地方，否则阳光不足，植株生长细弱，致使节间长、叶稀疏，发生落叶现象，严重时甚至全部叶片脱光。但高温强光会使色素遭到破坏，引起叶绿素增加，导致植株色彩不鲜明，甚至偏绿，影响观赏效果，因此夏季高温时应适当遮阴。其他季节则不能遮阴，因光线暗淡会使叶色灰暗。冬季注意保暖，增加光照。

（五）病虫害防治

1.病害 彩叶草生长期如遇通风不良和盆土过于潮湿，易发生猝倒病等病害。发现后应立即清除病残体以防感染蔓延，并喷施药剂进行防治。

（1）猝倒病 症状：种子萌芽后至幼苗出土前受害，造成烂种、烂芽；幼苗茎基部呈水渍状黄色病斑，后为黄褐色，缢缩呈线状，倒伏；湿度大时在病部及周围的土面长出一层白色如棉絮状菌丝体（图18）。防治：加强栽培基质的消毒；发病初期及时喷50%多菌灵500倍液，每隔5～7天喷一次，连喷或交替喷2～3次。

（2）立枯病 症状：自幼苗期至定植均可受害，茎基部产生暗褐色病斑，逐渐凹陷，病部缢缩，当病部扩展至绕茎一周时，植株直立状枯死，一般不倒伏。防治：避免高温高湿；加强栽培基质消毒；发病初期喷洒50%立枯净可湿性粉剂900倍液，每平方米2～3升。

（3）灰霉病 症状：近地面的茎叶呈水渍状，变褐腐败，并向上扩展，病部出现灰黄色霉层，严重时茎叶枯死（图19）。防治：保持株间的良好通风透气性；发病初期喷洒50%多菌灵可湿性粉剂800倍液等。

图18　猝倒病

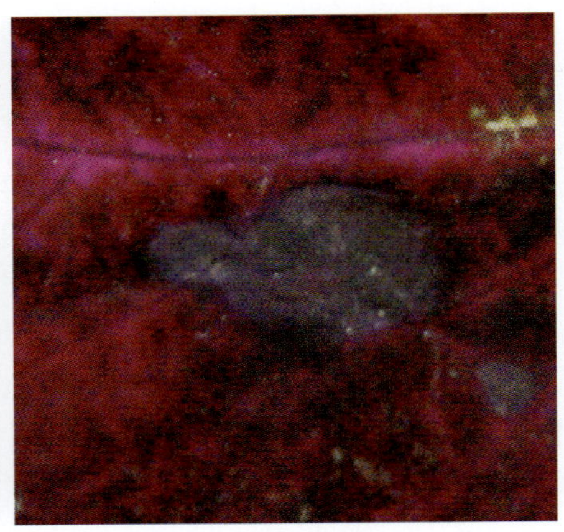

图19　灰霉病

2. 虫害　彩叶草室内栽培尤其是温室栽培时易受到介壳虫、红蜘蛛和白粉虱等为害（图20），可用40%氧化乐果乳油1 000倍液防治。在生产过程中也可采用地膜全覆盖和挂防虫板等措施减少虫害的发生。

红蜘蛛　　介壳虫　　白粉虱

图20　虫　害

五、装饰与应用

彩叶草以其色彩斑斓、绚丽悦目的叶片，五彩缤纷、繁花似锦的风采，给人们带来美的享受，是目前美化居室、装点庭院的常见观叶植物。

（一）家居装饰

室内摆设多为中小型盆栽，选择颜色浅淡、质地光滑的套盆以衬托彩叶草华美的叶色。

客厅是待客的地方，也是主人向外界展示自己情趣、修养和个性特点的重要场所。客厅里可以是奢华的装修与高科技的家电产品，也可以是自然情趣丰富、模拟自然的微环境，如在客厅里摆放一两盆彩叶草，会使色调明快活泼，成为客厅视觉欣赏的焦点（图21）。不过，彩叶草装饰客厅也应该注意要与客厅装饰风格相协调，所用盆花的色彩要与客厅整体的色调相融合，同时要根据客厅面积大小来布置，体现少而精的原则。此外，客

图21　桌　饰

厅内植物陈设方式各异，主要有落地式、几架式、悬挂式和桌饰等，因此，要考虑到客厅的朝向、采光、通风条件是否适合彩叶草的生长。

书房是学习工作的场所，卧室是睡眠休息的空间，应该营造一个舒适、安静、素雅的环境。此时，可以在向阳的窗台摆放一盆彩叶草，赏心悦目，同时散发出浓浓的自然气息，能够有效地消除疲劳（图22）。也可在书桌上瓶插水养彩叶草，近距离欣赏（图23）。要注意书房和卧室不宜放置过多的绿色植物，同样要少而精，并保持清洁，及时修剪管理。

图22　窗台装饰

图23　书桌装饰

阳台与卧室、书房或客厅相连，成为室内空间的延续，而阳台上不经意地点缀些彩叶草，会有种意想不到的返璞归真的感觉（图24）。目前，大多数阳台为封闭式阳台，实际上就是一个小型的日光温室，光照充足，昼夜温差小，温度、湿度适宜，是绿色植物生长的最佳场所。彩叶草喜温暖、向阳以及通风良好的环境，故在阳台上栽培最好。可以将它摆放在东向、南向、西向阳台进行栽培，其中南向阳台的栽培效果最好。冬季阳台需注意保温。

图24　阳台绿化

（二）庭院美化

彩叶草除了用作室内装饰外，在美化庭院中也起着非常重要的作用。在欧洲许多国家，夏秋季到处可见用彩叶草布置的花带和色块，把建筑物衬托得十分亮丽、诱人；很多不同叶色的品种组合点缀在窗前、墙边和台阶等处，美不胜收。

彩叶草可以种植在悬挂花篮里，装点庭院的立体空间，让生活更加五彩缤纷（图25）。

彩叶草在幼苗时最为鲜艳，老的植株观赏价值逐渐下降。所以每年应培养新的植株，以替代老株。家庭中栽培，最好四季不断培养新苗。淘汰老株时，剪下上部的枝条即可扦插繁殖。

图25　垂吊装饰

（三）组合盆栽

彩叶草是组合盆栽中的一个调色板，通过本身不同的颜色与其他植物进行搭配，可组合成不同艺术风格的盆栽植物。例如，用高干的榕树和低矮、横向生长的天门冬与彩叶草进行组合盆栽，以及用高干的千年木与下垂的鸭跖草及彩色的彩叶草等进行组合盆栽，都可作为布置客厅、书房的好材料。在花钵中用不同颜色的鸡冠花与彩叶草组合，放在重要的位置可起到引人注目的效果。而同一盆中栽种几株不同色彩的彩叶草，或将几盆不同颜色的盆栽彩叶草摆在一起，可呈现出争奇斗艳的景象（图26）。

图26　组合盆栽

（四）屋顶绿化

彩叶草根系浅，轻便，有极强的耐热性，生命力极强，适合作为屋顶绿化材料，既能起到美化装饰的作用，又可增加城市的绿化率。

（五）园林应用

彩叶草在园林绿地中的应用目前主要分为三大类：

1. 营造立体花坛 彩叶草可根据需要制作成或单一颜色或艺术感很强的立体花柱，多见于广场、公园门口等公共设施的美化。还可用彩叶草制作成花球悬挂于支架、灯柱上，也能起到丰富景观、活跃气氛的作用（图27）。另外，丰满的株型、茂盛的叶片，使得彩叶草在制作立体植物造型上也有很好的表现，不论人物、动物、建筑、几何图形、日常用品等造型，都能做得非常逼真细腻。选用的彩叶草宜为小叶型的品系，以不同颜色搭配营造出各种图案，其中红、黄为经典搭配方案。

图27 立体花坛

2.营建地栽花坛 可选择各种叶型的彩叶草，既可单色系成片栽植，也可多色搭配应用。在地栽花坛中大量应用彩叶草，形成的花团锦簇效果不亚于其他色彩缤纷的草花（图28、图29）。另外，色彩上的优势，使得彩叶草成为制作模纹花坛的常用植物材料。

由于彩叶草叶色娇艳多变，还可将不同颜色的彩叶草片植成色彩对比强烈的色块，装饰效果更加明显。将不同色调或花纹的彩叶草组合在一起，可构成或热情奔放，或柔和细腻，或缤纷绚烂的不同风格的色带。

图28 地栽装饰

图29 灯柱下的聚会

3. 配置花境 利用彩叶草株型、叶色和叶型上的变化，与一、二年生花卉或宿根花卉搭配，可形成色彩丰富、艺术性和装饰性极强的花境。有时，还可根据设计要求单纯用彩叶草为花境镶边，为整条花境与外围环境形成清晰而优美的分界线。也可用不同颜色和叶型的彩叶草搭配成独特的彩叶草花境（图30）。

图30 花 龙

小型品种栽种在景石四周，可以柔化石块刚硬的感觉。彩叶草还可作为填充树穴、小型空地等的材料，发挥美化绿地的作用，给人们的视觉带来美的享受（图31）。在普通的游船上沿着船帮摆放彩叶草，形成别有情趣的花船，也可成为空旷湖面上最具吸引力的景致。

图31 树穴装饰

除此之外，盆栽彩叶草与其他草花搭配多见用于装饰广场、公共场所出入口、空旷绿地等处，以营造喜庆温馨的气氛（图32）。在分车带绿化、道路绿化、高架桥美化上，彩叶草同样可以发挥很好的作用。但由于彩叶草对自然环境要求比较高，所以必须确保使用场所能够满足其生长需要（图33）。

在彩叶草的应用中要特别注意搭配选择。由于彩叶草会不断长高，在露地花坛和花境中选用彩叶草时，如果植物搭配不当，可能前期效果很好，但随着彩叶草的长高，当初设计的景观效果会降低。所以必须选择同类型、同习性的植物，如与紫苏搭配，或者不同叶色的彩叶草搭配，或者选择与之形成绝对高差的植物搭配，如观赏谷子、蓖麻等，这样即使彩叶草长高，也不会破坏植物的层次序列。

图32　草地镶边

图33　小区绿化

案例展示

收获——上海·南汇区

作品以孩童环抱主体大桃的情态来表现桃子的鲜美、收获的喜悦和淳朴的民风；翻倒的箩筐和“溜出”的水果，洋溢着丰收的喜悦。花坛高约5米，直径约6米。所用植物材料有：五色苋、矮牵牛、四季秋海棠、彩叶草、垂盆草等（图34）。

图34 收 获

福禄寿喜——上海·共青森林公园

作品构思源于江南园林建筑门窗上的雕花。用蝙蝠、鹿、麒麟、喜鹊代表“福”、“禄”、“寿”、“喜”，把对人生的美好愿望寄予其间。花坛高约8米，宽约15米。所用植物材料有：五色苋、彩叶草、美女樱、观赏草等（图35）。

图35 福禄寿喜

六、流行趋势

彩叶植物向来都是深受消费者欢迎的园艺产品，其受欢迎程度一直呈上升趋势。它们之所以成为市场上的俏销商品，主要原因在于拥有色彩斑斓的叶片。在彩叶的衬托下，鲜花变得更加妩媚。

随着受欢迎程度不断加大，彩叶植物的产品队伍也日渐壮大。在各种彩叶植物中，对高温和日照均有较强忍耐力的彩叶草近年来成为热销产品。在以追求色彩效果为目的时，彩叶草通常都会与其他草花进行搭配组合。

皱叶、叶缘皱褶或是叶形奇特逐渐成为消费者挑选彩叶草的重要指标，叶形独特的彩叶草受到时尚一族的青睐（图36至图39）。如巨无霸系列彩叶草，其叶片大，而且颜色多变、奇特。其实市场上的彩叶草品种有很多，您在选择时还将看到不少叶形很奇特的品种。倘若再经过精心的色彩搭配，彩叶草的艺术性及观赏性将大幅提高，身价也会因此倍增。

独特的观赏价值和应用价值使彩叶草迅速走红彩叶植物市场，其畅销程度远超过经销商的预料，以至于一些新研发上市的产品尚未有一个正式的名字就出现了脱销的状况，而已经命名的产品也已达到几十种。

从任何角度来说，彩叶草都是装点庭院、美化居室的最佳选择。这些易于养护的彩叶植物既可以悬挂在花篮里，也可以栽种在花坛里。它们让您的生活更加五彩缤纷，充满情趣。

图36　皱叶品种

图37　奇特的皱叶

图38　皱叶小盆栽

图39　多彩的皱叶

图书在版编目（CIP）数据

彩叶草/车代弟，王秀刚，高鹏编著．—北京：中国农业出版社，2011.5

（彩图版养花说明书）

ISBN 978-7-109-15617-3

Ⅰ.①彩… Ⅱ.①车… ②王… ③高… Ⅲ.①园林植物－观赏园艺 Ⅳ.①S682.36

中国版本图书馆CIP数据核字（2011）第069533号

中国农业出版社出版

（北京市朝阳区农展馆北路2号）

（邮政编码 100125）

责任编辑 石飞华

中国农业出版社印刷厂印刷 新华书店北京发行所发行

2011年6月第1版 2011年6月北京第1次印刷

开本：889mm × 1194mm 1/32 印张：1

字数：25 千字 印数：1 ~ 6 000 册

定价：8.00 元